AF152399

BEI GRIN MACHT SICH IHR WISSEN BEZAHLT

- Wir veröffentlichen Ihre Hausarbeit, Bachelor- und Masterarbeit

- Ihr eigenes eBook und Buch - weltweit in allen wichtigen Shops

- Verdienen Sie an jedem Verkauf

Jetzt bei www.GRIN.com hochladen und kostenlos publizieren

Anonym

Aus der Reihe: e-fellows.net stipendiaten-wissen

e-fellows.net (Hrsg.)

Band 255

Wahrscheinlichkeiten beim Schafkopf

GRIN Verlag

Bibliografische Information der Deutschen Nationalbibliothek:

Die Deutsche Bibliothek verzeichnet diese Publikation in der Deutschen National-
bibliografie; detaillierte bibliografische Daten sind im Internet über http://dnb.d-
nb.de/ abrufbar.

Impressum:

Copyright © 2006 GRIN Verlag GmbH
Druck und Bindung: Books on Demand GmbH, Norderstedt Germany
ISBN: 978-3-656-02089-9

Dieses Buch bei GRIN:

http://www.grin.com/de/e-book/178740/wahrscheinlichkeiten-beim-schafkopf

GLIEDERUNG

Facharbeit LK Mathematik

Wahrscheinlichkeiten beim Schafkopf

1.   Vorwort

„Schafkopf" ist eines der ältesten bekannten Kartenspiele und erfreut sich insbesondere im süddeutschen Raum einer großen Beliebtheit. Wie die meisten anderen Kartenspiele auch stellt es eine Kombination aus Glücks- und Strategiespiel dar.

Üblicherweise verlassen sich Schafkopfspieler bei Ihren Entscheidungen sowohl auf Erfahrungen aus vergangenen Spielen als auch auf Ihre Intuition. Erfolgreiche Spieler müssen darüber hinaus die möglichen Konsequenzen für die noch verbleibenden Durchgänge antizipieren. In der Regel haben die Teilnehmer dabei jedoch keine Kenntnis über Ihre tatsächliche Gewinnwahrscheinlichkeit. Ziel dieser Arbeit ist daher, das Schafkopfspiel aus einer wahrscheinlichkeitstheoretischen Perspektive zu beleuchten.

Nach einem kuren Überblick zu den wichtigsten Spielregeln erfolgt zunächst eine kombinatorische Betrachtung der möglichen Kartenverteilungen. Darauf aufbauend wird anschließend die Wahrscheinlichkeitsverteilung für die Anzahl der erhaltenen Trümpfe berechnet. Mithilfe eines selbst durchgeführten Experiments wird darüber hinaus der Zusammenhang zwischen Wahrscheinlichkeit und relativer Häufigkeit dargestellt. Im darauf folgenden Kapitel wird mit Methoden der Wahrscheinlichkeitsrechnung die optimale Entscheidung in unterschiedlichen Spielsituationen aufgezeigt, bevor die Arbeit mit einem Schlusswort abschließt.

2.   Grundlegende Informationen zum Schafkopfspiel

Um Unklarheiten vorzubeugen, erfolgt zunächst eine überblicksartige Darstellung des allgemeinen Spielablaufs.

Die folgenden Ausführungen beschränken sich auf die lange Variante des „Bayerische(n) Schafkopf" (Schafkopf und Doppelkopf, 2004, S.12), das heißt, dass insgesamt 32 Karten auf vier Spieler verteilt werden. Nach dem Austeilen muss jeder Teilnehmer der Runde mitteilen, ob er ein Spiel wagen will. Dabei unterscheidet man grundsätzlich zwischen einem Rufspiel, bei dem ein Mitspieler mit einem bestimmten Ass als Partner ausgerufen wird, und einem Einzelspiel (z.B. Solo oder Wenz), in welchem der Spieler alleine gegen die restlichen drei Teilnehmer antritt. Ziel ist es stets, möglichst viele und punktreiche Stiche für sich zu entscheiden, um letztlich mit mind. 61 (Spieler) bzw. 60 (Gegenspieler) Punkten das Spiel als Gewinner zu beenden. Die erzielte Punktzahl ergibt sich hierbei aus der Summe der Zählwerte aller Karten, die während einer Partie gestochen wurden.

Die weiteren für diese Facharbeit relevanten Spielregeln werden an geeigneter Stelle jeweils kurz erläutert.

3. Austeilen der Spielkarten

Bevor Wahrscheinlichkeitsberechnungen durchgeführt werden, soll zunächst die Verteilung der Spielkarten näher betrachtet werden.

3.1 Austeilen der Karten als Laplace-Experiment

Bei den folgenden Berechnungen wird davon ausgegangen, dass beim Verteilen der Karten ein *Laplace-Experiment* vorliegt.

Von einem Laplace-Experiment spricht man genau dann, „wenn alle Ergebnisse des zugehörigen Ergebnisraums gleichwahrscheinlich sind." (Mathematische Formeln und Definitionen, 1998, S.107)

Anschaulich bedeutet dies, dass ausreichend und fair gemischt wird, womit die Wahrscheinlichkeit, ein bestimmtes Blatt zu erhalten, für alle möglichen Zusammensetzungen dieses Blattes gleich groß ist.

3.2 Anzahl der möglichen Kartenverteilungen

Voraussetzung für die späteren stochastischen Untersuchungen ist, dass die Gesamtzahl aller möglichen Kartenverteilungen bekannt ist.

Erleichtert werden die Berechnungen durch die Verwendung des sogenannten *Binomialkoeffizienten,* der wie folgt definiert ist:

$$\binom{n}{k} := \left\{ \frac{n!}{k!(n-k)!} \right. \text{ , falls } 0 \le k \le n \qquad \text{bzw.} \qquad \binom{n}{k} := 0 \text{ , falls } k > n$$

(Stochastik Leistungskurs, 1983, S.94)

Diese dienen dazu, die Anzahl der Möglichkeiten, wie aus einer Menge mit *n* Elementen genau *k* Elemente ausgewählt werden können, zu bestimmen. Die Reihenfolge wird dabei nicht berücksichtigt.

Ebenso ist bei der Verteilung der Karten die Reihenfolge für die Qualität des Blattes nicht von Bedeutung. Ob der Speler beispielsweise den Eichel Ober als erste oder als letzte Karte erhält ist unerheblich, da dieser trotzdem zu einem beliebigen Zeitpunkt ausgespielt werden darf.

Untersucht man nun, auf wie viele Arten die 32 Karten auf die vier Spieler verteilt werden können, ergibt sich als Ergebnisraum Ω_1 :

$$|\Omega_1| = \left(\frac{32!}{8!(32-8)!}\right)\left(\frac{24!}{8!(24-8)!}\right)\left(\frac{16!}{8!(16-8)!}\right)\left(\frac{8!}{8!(8-8)!}\right) =$$

$$= \binom{32}{8}\binom{24}{8}\binom{16}{8}\binom{8}{8} = 99\ 561\ 092\ 450\ 391\ 000$$

Dem ersten Spieler stehen noch alle 32 Karten zur Verfügung. Der zweite Spieler kann selbstverständlich keine der acht schon zuvor vergebenen Karten besitzen, so dass ihm nur noch *8 aus 24* Karten zustehen. Entsprechend verhält es sich auch für den dritten und vierten Teilnehmer der Runde.

Für den einzelnen Spieler sind die genauen Karten der Gegner nicht von Interesse, um die Wahrscheinlichkeiten, die sein eigenes Blatt betreffen, zu berechnen. Es ist daher sinnvoll einen zweiten Ergebnisraum Ω_2 zu bilden, der lediglich diese acht Karten berücksichtigt.

Hierbei kommt man auf insgesamt

$$|\Omega_2| = \binom{32}{8} = 10\ 518\ 300$$

Möglichkeiten.

Um sich der Größe dieser Zahl bewusst zu werden, bietet sich folgendes Beispiel an:
Kalkuliert man als Spieldauer durchschnittlich fünf Minuten, so müsste man (unter Berücksichtigung von Schaltjahren) *52 591 500 Minuten* bzw. *99 Jahre, 362 Tage und 3 Stunden* am Stück spielen, um einmal jedes mögliche Blatt erhalten zu haben.

Anhand dieser sehr hohen Zahlen wird schnell klar, dass Schafkopf und ähnliche Kartenspiele ein hohes Maß an strategischem Denken erfordern, da es schier unmöglich ist, eine einheitliche Taktik zu finden, die auf jedes Spiel anwendbar ist.

4. Verteilung der Trümpfe

Die Verteilung der Trümpfe stellt zu Beginn den wichtigsten Orientierungspunkt für das weitere Verhalten innerhalb des Spiels dar. Von ihr macht der Spieler vor allem abhängig, ob er ein Einzelspiel oder ein Rufspiel wagt. In den folgenden Berechnungen wird von einem üblichen Herzsolo ausgegangen, das heißt, neben den jeweils vier Obern und Untern sind die restlichen Herzkarten Trumpf (selbiges gilt auch im Rufspiel). Somit kommt man auf eine Gesamtzahl von 14 Trümpfen, die vor dem Spiel verteilt werden.

4.1 Wahrscheinlichkeiten für die Verteilung der Trümpfe

Zur Erfassung der Trumpfanzahl ist es sinnvoll, zunächst eine *Zufallsgröße X* zu bilden, die jedem Ergebnis eine reelle Zahl (hier: $x \in \{0,1,2,3,4,5,6,7,8\}$) zuordnet:

„Eine reellwertige Funktion von Ω in $\mathbb{R}$ heißt *Zufallsgröße*."

(Mathematische Formeln und Definitionen, 1998, S.108)

Durch kombinatorische Mittel und logisches Denken kann jetzt die Gesamtzahl der für das Ereignis **A:=„Der Spieler erhält *x* Trümpfe"** günstigen Ergebnisse berechnet werden:

$$|A| = \binom{14}{x} \cdot \binom{18}{8-x} \qquad \text{für } x \in \mathbb{N}_0 \wedge x \in [0;8]$$

x = Anzahl der erhaltenen Trümpfe

Es gibt zunächst „*x aus 14*" Möglichkeiten für die Verteilung der Trümpfe. Anschließend können sich die fehlenden *8-x* Karten beliebig aus den restlichen 18 „normalen" Karten zusammensetzen.

Da von ungezinkten Spielkarten und somit einem Laplace-Experiment ausgegangen wird, gilt für die Berechnung der Wahrscheinlichkeiten:

$$P(E) = \frac{|E|}{|\Omega|} = \frac{\text{Anzahl der für E günstigen Ergebnisse}}{\text{Anzahl der mögl. gleichwahrscheinlichen Ergebnisse}}$$

(Mathematische Formeln und Definitionen, 1998, S.107)

Als geeigneter Ergebnisraum wird Ω_2 (vgl. Kapitel 3.2) verwendet, weil hier nur die eigenen Karten zur Betrachtung herangezogen werden.

Damit kann schließlich folgende Formel für die Wahrscheinlichkeitsverteilung der Zufallsgröße *X (Anzahl der Trümpfe)* formuliert werden:

$$P(X = x) = \frac{\binom{14}{x} \cdot \binom{18}{8-x}}{\binom{32}{8}}$$

für $x \in \mathbb{N}_0 \wedge x \in [0;8]$ x = Anzahl der erhaltenen Trümpfe

Folgende Wertetabelle gibt einen genauen Überblick über die einzelnen Wahrscheinlichkeiten (Histogramm: siehe Anhang S.20):

x	0	1	2	3	4	5	6	7	8
P(X=x)	0,416	4,236	16,061	29,651	29,121	15,531	4,368	0,587	0,029

in Prozent

Es zeigt sich, dass die Wahrscheinlichkeit ein herausragendes Blatt mit mehr als fünf Trümpfen ausgeteilt zu bekommen lediglich rund 20 Prozent beträgt.

4.2   Versuch: Relative Häufigkeit bei der Verteilung der Trümpfe

Durch ein selbst durchgeführtes Experiment soll im Folgenden der Zusammenhang zwischen Wahrscheinlichkeit und relativer Häufigkeit veranschaulicht werden. Dies hat den Zweck, dem Leser verständlich zu machen, wie die errechneten Wahrscheinlichkeiten zu interpretieren sind.

In insgesamt 100 Schafkopfspielen wurde notiert, wie viele Trumpfkarten einem bestimmten Spieler jeweils zu Beginn einer Runde ausgeteilt wurden (für genaues Versuchsergebnis: siehe Anhang S.21). Dabei sollte insbesondere das Ereignis **R:="mind. vier erhaltene Trümpfe"** untersucht werden:

n	10	20	30	40	50	60	70	80	90	100
k	4	11	16	20	24	28	34	38	42	47

n = Anzahl der Spiele   k = Anzahl der Blätter mit mind. 4 Trümpfen nach *n* Spielen

Nach allen 100 Spielen hat der Spieler also 47-mal vier oder mehr Trümpfe erhalten.
Anhand dieser Tabelle lassen sich nun die relativen Häufigkeiten für das *Ereignis R* berechnen und in einem Liniendiagramm (erstellt mit: Grafiker Version 4.0) darstellen.

Die relative Häufigkeit::

„Tritt ein Ereignis E bei einer Folge von n Versuchen genau k-mal ein, so heißt $\frac{k}{n}$ die *relative* Häufigkeit des Ereignisses E bei dieser Versuchsfolge. k heißt die *absolute* Häufigkeit des Ereignisses E."

(Mathematische Formeln und Definitionen, 1998, S.106)

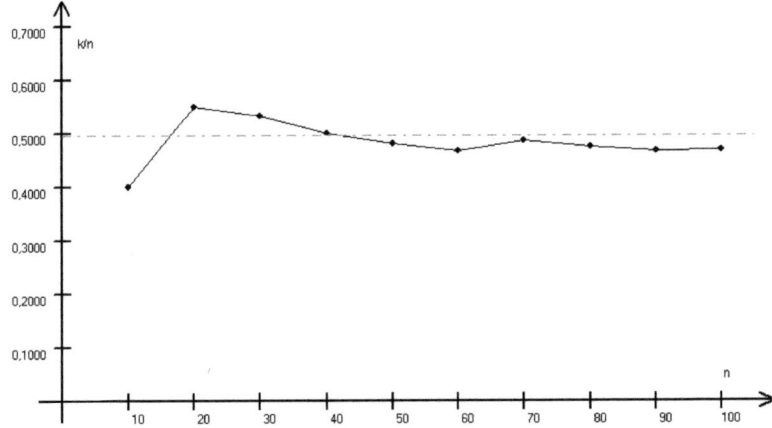

Wie aus dem Diagramm ersichtlich wird, stabilisiert sich die relative Häufigkeit $H_n(R) = \dfrac{k}{n}$ mit zunehmender Versuchszahl um einen festen Wert. Dieses Phänomen wird auch als *„Empirisches Gesetz der großen Zahlen"* (Stochastik Leistungskurs, 1983, S.31) bezeichnet.

Es liegt die Vermutung nahe, dass es sich bei diesem Wert um die zugehörige Wahrscheinlichkeit handelt. Für das Ereignis R erhält man diese durch Summieren der Einzelwahrscheinlichkeiten für vier, fünf, sechs, sieben und acht Trümpfe (vgl.4.1):

$$P(R) \approx 0,29121 + 0,15531 + 0,04368 + 0,00587 + 0,00029 \approx 0,49636$$

Zum Vergleich: Nach 100 Versuchen betrug die relative Häufigkeit 0,47 und war damit nicht weit von dem Wert für P(R) entfernt. Als endgültige Bestätigung für obige Vermutung dient schließlich das sogenannte *Starke Gesetz der großen Zahlen,* welches von Émile Borel bzw. Francesco Paolo Cantelli formuliert wurde:

$$P\left(\lim_{n \to \infty} H_n = p\right) = 1 \qquad \text{(Stochastik Leistungskurs, 1983, S.250)}$$

Man spricht in diesem Zusammenhang davon, „dass die relative Häufigkeit **fast sicher** gegen die zugehörige Wahrscheinlichkeit **konvergiert"** (Stochastik Leistungskurs, 1983, S.250).

Als Schafkopfspieler wäre es allerdings falsch davon auszugehen, dass die Wahrscheinlichkeit für ein gutes Blatt nach einigen schwachen Runden steigen würde. Die Annäherung an die Wahrscheinlichkeit ist vielmehr damit zu begründen, dass sich Abweichungen bei zunehmender Anzahl der Versuche und somit größerem Nenner immer weniger auf den Quotienten der *relativen* Häufigkeit auswirken. Es bleibt also durchaus möglich, dass die *absolute* Größe der Abweichungen weiter zunimmt.

4.3   Hypothesentest zur Ermittlung eines unfairen Spielers

Ferner kann der eben beschriebene Versuch auch als eine Kette von n unabhängigen Bernoulli-Experimenten interpretiert werden. Tritt das Ereignis R ein, so wird dies als Treffer gewertet, andernfalls als Niete. Der Ergebnisraum besteht also aus genau zwei Elementen, wobei die Wahrscheinlichkeit für einen Treffer p (hier: 49,636%) beträgt.

Da p bei jedem einzelnen Experiment konstant ist (das heißt sich bei jedem neuen Austeilen die Wahrscheinlichkeiten für eine bestimmte Anzahl an Trümpfen nicht verändert), sind alle Voraussetzungen einer „Bernoulli-Kette" (Mathematische Formeln und Definitionen, 1998, S.107) erfüllt.

Darauf aufbauend soll nun mit Hilfe eines Hypothesentests untersucht werden, wann man mit einer vorgegebenen Sicherheit davon ausgehen kann, dass es beim Austeilen der Karten nicht mit rechten Dingen zugeht. Hierfür notiert ein Spieler in mehreren Partien, ob das Ereignis R (für *seine eigenen* Handkarten) eintritt, wenn ein bestimmter Gegner die Karten verteilt.

Zunächst wird behauptet, der Geber teile fair aus. Somit bildet P(R)=0,49636 (vgl. 4.2) die tatsächliche Wahrscheinlichkeit p, dass ein Spieler mindestens vier Trümpfe erhält. Als zu untersuchende „*Nullhypothese*" (Stochastik Leistungskurs, 1983, S.345) wird folglich $H_0 : p = 0,49636$ festgelegt.

Gleichzeitig erweist es sich als sinnvoll, die Menge aller zulässigen Hypothesen auf $H := \{p \mid 0 \le p \le 0,49636\}$ zu beschränken, da angenommen werden darf, dass der Geber nur zu seinen Gunsten schummeln würde. Er ist nämlich sicherlich nicht daran interessiert, die Wahrscheinlichkeit für Trümpfe seiner Gegenspieler zu erhöhen.

Ziel dieses Hypothesentests ist es, einzig und alleine die Nullhypothese („der Geber schummelt nicht") zu akzeptieren oder abzulehnen. Hierbei spricht man auch von einem „*Signifikanztest*" (Definition: siehe Stochastik Leistungskurs, 1983, S.349).

Somit setzt sich die Gegenhypothese H_1 aus allen anderen möglichen Hypothesen zusammen, das bedeutet der Parameter p kann jeden beliebigen Wert innerhalb des Intervalls $p = [0; 0,49636[$ annehmen.

Im Folgenden soll die Entscheidung, ob H_0 angenommen wird, vom Ergebnis einer Stichprobe der Länge 15 (das heißt in 15 Spielen notiert ein Spieler, ob er vier oder mehr Trümpfe besitzt) abhängig gemacht werden. Um die Anzahl der Blätter, bei denen das Ereignis R eintritt, zu erfassen, wird die *Testgröße Z* gebildet.

Da diese bei Eintreffen der Nullhypothese binomial verteilt nach B(15; 0,49636) ist, gilt für ihre Wahrscheinlichkeitsverteilung:

$$B(n, p, k) = \binom{n}{k} p^k (1-p)^{n-k} \quad \text{für } k = 0,1,\ldots,n$$

(Mathematische Formeln und Definitionen, 1998, S.110)

bzw. hier:

$$P^{15}_{0,49636}(Z = z) = \binom{15}{z} 0,49636^z (1-0,49636)^{15-z} \quad \text{für } z \in \mathbb{N}_0 \wedge z \in [0;15]$$

Zugleich erweist es sich später als nützlich, auch die Summen der Einzelwahrscheinlichkeiten, die sich durch die Werte der kumulativen Verteilungsfunktion

$$F: x \mapsto P(X \leq x), \quad D_F = \mathbb{R} \qquad \text{(Stochastik Leistungskurs, 1983, S.176)}$$

ergeben, zu berechnen und in folgender Tabelle zu veranschaulichen:

z	0	1	2	3	4	5	6
P(Z=z)	0,003	0,050	0,347	1,482	4,382	9,500	15,605
F(z)	0,003	0,053	0,400	1,882	6,264	15,764	31,369

7	8	9	10	11	12	13	14	15
19,774	19,488	14,938	8,833	3,957	1,300	0,296	0,042	0,003
51,143	70,631	85,569	94,402	98,359	99,659	99,955	99,997	100,000

in Prozent

auf drei Dezimalstellen genau gerundet

Ziel ist es nun, einen *kritischen Bereich K* der Testgröße Z zu definieren, für den die Nullhypothese abgelehnt wird. Da für alle Gegenhypothesen gilt, dass $p < 0,49636$, sollte dieser aus dem einseitigen Intervall $[0;k]$ bestehen. Dabei muss bedacht werden, dass die Wahl dieses Bereichs entscheidend davon abhängt, wie hoch die statistische Sicherheit des Urteils sein soll. So besteht durchaus die Möglichkeit, dass Z innerhalb des kritischen Bereichs liegt und die Nullhypothese somit abgelehnt wird, obwohl diese in Wirklichkeit wahr ist. Hierbei spricht man von einem „Fehler 1.Art" (Mathematische Formeln und Definitionen, 1998, S.111).

In dem dargestellten Test würde dies bedeuten, dass der Geber zu Unrecht des unfairen Austeilens überführt wird. Die obere Wahrscheinlichkeitsschranke α für einen solchen Fehler wird *Signifikanzniveau* genannt.

Dieser Hypothesentest soll mit einer Sicherheit von mindestens 90% das richtige Ergebnis liefern. Im Umkehrschluss heißt das, dass die Irrtumswahrscheinlichkeit höchstens $\alpha = 1 - 0,90 = 10\%$ betragen darf.

Für die Wahl von k gilt entsprechend:

$$P_{H_0}(Z \in K) \leq \alpha \qquad \rightarrow \qquad P_{H_0}(Z \leq k) \leq 10\%$$

$$F_{0,49636}^{15}(k) \leq 10\%$$

Die geeigneten Werte für k können direkt aus obiger Tabelle abgelesen werden. Als größtmöglicher kritischer Bereich K, für den H_0 abgelehnt wird, ergibt sich folglich $K = [0;4]$.

Bezogen auf das eigentliche Ziel des durchgeführten Signifikanztests bedeutet dies, dass ein Spieler, der in insgesamt 15 Spielen nur höchstens vier Mal vier oder mehr Trümpfe erhalten hat, den Geber mit mindestens 90-prozentiger Sicherheit (exakt: $1 - \alpha' = 1 - F(4) \approx 93,736\%$) als Falschspieler entlarven kann.

4.4   Erwartungswert für die Anzahl der Trümpfe

Um sein eigenes Blatt besser einschätzen zu können, ist es für den Spieler von Interesse, mit wie vielen Trümpfen er (und damit auch seine Gegner) durchschnittlich pro Spiel rechnen kann. Diese Frage kann mit Hilfe des *Erwartungswerts* beantwortet werden, der wie folgt definiert ist:

„Die Zufallsgröße *X* habe die Werte x_i, dann heißt die Zahl

$$\mathcal{E} X = \sum_{i=1}^{n} x_i W(x_i) \qquad \textit{Erwartungswert der Zufallsgröße.}“$$

(Mathematische Formeln und Definitionen, 1998, S.108)

Die Werte der Zufallsgröße X werden also jeweils mit den dazugehörigen Wahrscheinlichkeiten (vgl. Kapitel 4.1) multipliziert. Die Summe daraus bildet dann das gesuchte Ergebnis:

$$E(X) \approx (0 \cdot 0,00416) + (1 \cdot 0,04236) + (2 \cdot 0,16061) + (3 \cdot 0,29651) + (4 \cdot 0,29121) +$$
$$+ (5 \cdot 0,15531) + (6 \cdot 0,04368) + (7 \cdot 0,00587) + (8 \cdot 0,00029) = 3,500$$

Langfristig gesehen erhält ein Schafkopfspieler demnach durchschnittlich drei bis vier Trumpfkarten pro Partie.

4.5   Varianz und Standardabweichung

Oftmals ist es zudem hilfreich zu wissen, wie sich die einzelnen Funktionswerte der Zufallsgröße um diesen mittleren Wert verteilen.

Ein Maß, das zu diesem Zweck berechnet werden kann, ist die *Varianz* der Zufallsgröße:

$$Var(X) = \varepsilon\left[(X - \mu)^2\right] = \sum_{i=1}^{n} (x_i - \mu)^2 \cdot W(x_i)$$

μ sei der Erwartungswert der Zufallsgröße X

(Stochastik Leistungskurs, 1983, S.180)

Für die entsprechende Zufallsgröße X (Anzahl der Trümpfe) bedeutet das:

$$Var(X) \approx (-3,5)^2 \cdot (0,00416) + (-2,5)^2 \cdot (0,04236) + (-1,5)^2 \cdot (0,16061) +$$
$$+ (-0,5)^2 \cdot (0,29651) + 0,5^2 \cdot (0,29121) + 1,5^2 \cdot (0,15531) + 2,5^2 \cdot (0,04368) +$$
$$+ 3,5^2 \cdot (0,00587) + 4,5^2 \cdot (0,00029) \approx 1,524$$

Ein besser interpretierbares Maß ist allerdings die *Standardabweichung* σ, da sie die gleiche Einheit wie die Werte der ursprünglichen Zufallsgröße annimmt (im Gegensatz zur Varianz, bei der die Einheiten quadriert werden).

Die Standardabweichung entspricht demnach der Wurzel aus Var(X):

$$\sigma = \sqrt{Var(X)} \qquad \text{(Mathematische Formeln und Definitionen, 1998, S.108)}$$

Für die Anzahl der ausgeteilten Trumpfkarten ist somit

$$\sigma \approx \sqrt{1,524} \approx 1,235$$

ein geeignetes Maß für die Streuung um den Erwartungswert E(X)=3,500 .

Varianz und Standardabweichung eignen sich, um die Güte der ausgeteilten Handkarten einschätzen zu können. So kann abschließend festgehalten werden, dass alle Blätter mit keiner, einer, sechs, sieben oder acht Trumpfkarten berechtigterweise als außergewöhnlich angesehen werden können.

5.   Wahrscheinlichkeiten während des Spielablaufs

Auf Basis der bisher erarbeiteten Grundlagen können nun auch komplexere Wahrscheinlichkeiten für Vorgänge innerhalb des Spiels ermittelt werden.

5.1 Gewinnwahrscheinlichkeit beim Anspielen eines Asses

Häufig muss sich ein Schafkopfspieler entscheiden, ob er zu Beginn eines Spiels ein Ass anspielen soll. Verliert er den Stich sind damit nämlich in der Regel sehr viele Punkte für den Gegner verbunden.

Im Folgenden soll die Wahrscheinlichkeit dafür berechnet werden, dass der Anspieler eines Asses (kein Trumpf) den Stich gewinnt. Als Trümpfe werden erneut alle Herzkarten und alle Ober bzw. Unter vorausgesetzt.

Wird im ersten Umlauf ein Eichel-, Gras- oder Schellen-Ass angespielt, so kann der Spieler den Stich normalerweise nur gewinnen, falls jeder der anderen drei Spieler mindestens eine Karte der gleichen Farbe besitzt, da diese dann jeweils „zugegeben" werden muss und das Ass nicht durch eine Trumpfkarte überstochen werden kann.

Mit wesentlich geringerem Aufwand lässt sich allerdings das Gegenereignis, also dass mindestens ein Spieler farbfrei ist, ermitteln.

Definiert sind entsprechend die Ereignisse

B := „alle drei Gegner besitzen mind. eine Karte der angespielten Farbe" bzw.

$\overline{B}$:= „mind. einer der restlichen Spieler besitzt keine Karte der angespielten Farbe".

Bei der Berechnung der für B bzw. $\overline{B}$ günstigen Ergebnisse muss beachtet werden, wie viele **f** Karten der gelegten Farbe der Ausspieler *insgesamt* besitzt. Sinnvoll ist es hierbei, f auf die Werte $f \in \{1; 2; 3\}$ zu begrenzen, da für $f > 3$ mindestens ein Mitstreiter garantiert keine Karte der gespielten Farbe auf der Hand hat.

Es ergibt sich schließlich:

$$\left|\overline{B}\right| = 3 \cdot \underbrace{\binom{6-f}{0}}_{\substack{\text{Einer der 3 Gegner}\\\text{hat keine Karte der}\\\text{angespielten Farbe}}} \cdot \underbrace{\binom{24-(6-f)}{8}}_{\substack{\text{Für diesen verbleiben}\\\text{somit 32-8=24 mögliche Karten}\\\text{abzüglich der verbliebenen}\\\text{farbgleichen Karten}}} \cdot \underbrace{\binom{16}{8}\binom{8}{8}}_{\substack{\text{Verteilung für die}\\\text{restlichen}\\\text{2 Spieler}}}$$

für $f \in \mathbb{N} \wedge f \in [1; 3]$

Ein exaktes Ergebnis erhält man erst, wenn in Betracht gezogen wird, dass ein Mitspieler sowohl farbfrei als auch trumpffrei sein könnte, so dass er den Stich doch nicht für sich verbuchen kann.

Subtrahiert man all diese Möglichkeiten von $\left|\overline{B}\right|$, so erhält man jetzt die Anzahl der für das

Ereignis $\overline{C} :=$ „*der Ausspieler verliert den Stich*" günstigen Ergebnisse.

Dabei ist es notwendig, die Anzahl *t* der Trümpfe des Ausspielers zu berücksichtigen.
Von ihr hängt ab, wie viele trumpflose Karten für den farbfreien Spieler überhaupt noch zur
Verfügung stehen (und zwar: 14 - t).

Somit gilt:

$$|\overline{C}| = 3 \cdot \binom{6-f}{0}\binom{18+f}{8}\binom{16}{8}\binom{8}{8} - 3 \cdot \underbrace{\binom{6-f}{0}\binom{(18+f)-(14-t)}{8}\binom{16}{8}\binom{8}{8}}_{\substack{\text{Einer der 3 Mitspieler besitzt keine Karte der}\\ \text{angespielten Farbe, ist aber trumpffrei}}}$$

für $f \in \mathbb{N} \wedge f \in [1;3]$ und $t \in \mathbb{N}_0 \wedge t \in [0;7]$

außerdem: $t+f \le 8$ → Ausspieler kann nicht mehr als acht Karten auf der Hand haben

Da hier die Kartenverteilungen der drei Gegner betrachtet werden, wird ein passender neuer
Ergebnisraum Ω_3 gebildet:

$$\Omega_3 = \binom{24}{8}\binom{16}{8}\binom{8}{8}$$

Die gesuchte Wahrscheinlichkeit für den Gewinn des Stichs *(Ereignis C)* durch den
Anspieler kann wie folgt berechnet werden:

$$P(C) = 1 - P(\overline{C}) = 1 - \frac{3 \cdot \binom{6-f}{0}\binom{18+f}{8}\binom{16}{8}\binom{8}{8} - 3 \cdot \binom{6-f}{0}\binom{4+f+t}{8}\binom{16}{8}\binom{8}{8}}{\binom{24}{8}\binom{16}{8}\binom{8}{8}} =$$

$$= 1 - \frac{3 \cdot \left(\binom{18+f}{8} - \binom{4+f+t}{8} \right)}{\binom{24}{8}}$$

für $f \in \mathbb{N} \wedge f \in [1;3]$ und $t \in \mathbb{N}_0 \wedge t \in [0;7]$ außerdem: $t+f \le 8$

Übersicht von P(C) in Abhängigkeit von f und t:

	t = 0	t = 1	t = 2	t = 3	t = 4	t = 5	t = 6	t = 7
f = 1	69,170	69,170	69,170	69,170	69,174	69,188	69,237	69,372
f = 2	48,617	48,617	48,617	48,620	48,635	48,684	48,819	
f = 3	16,996	16,996	17,000	17,014	17,063	17,198		

in Prozent   auf drei Dezimalstellen genau gerundet

Die Tabelle zeigt deutlich, dass das Anspielen eines Asses vor allem davon abhängig gemacht werden sollte, wie viele weitere Karten der gleichen Farbe der Spieler besitzt. Die Anzahl der eigenen Trümpfe ist für die Gewinnwahrscheinlichkeit eher unwesentlich.

Entscheidet man konsequent nach stochastischen Gesichtspunkten und vernachlässigt womöglich weitere taktische Überlegungen, so ist es ratsam nur ein Ass anzuspielen, wenn man keine weitere farbgleichen Karten besitzt.

5.2   Gewinnwahrscheinlichkeit beim Tout-Spiel

Ein Tout-Spiel zeichnet sich dadurch aus, dass der Spieler alle Stiche für sich entscheiden muss, da andernfalls das Spiel automatisch als verloren gewertet wird. Es kann daher nur bei äußerst guten Blättern in Erwägung gezogen werden.

5.2.1   Solo-Tout:
Das bestmögliche Blatt beim Schafkopfspiel ist ein so genannter „Sie" (alle vier Ober und alle vier Unter).

Im Folgenden wird nun jeweils von einem *fast* perfekten Blatt ausgegangen, bei welchem lediglich die *m-beste* Karte fehlt. Zusätzlich darf der Spieler die erste Karte legen. In solch einer Situation ist die Verlockung groß einen „Solo-Tout" zu wagen, da damit in der Regel sehr hohe Geldbeträge gewonnen werden können.

Dabei ist es nahe liegend, diejenige Farbe als Trumpffarbe zu wählen, die man neben den insgesamt sieben Obern und Untern auf der Hand hat. Somit bestehen die eigenen Handkarten ausschließlich aus Trümpfen.

Es genügt, lediglich die Gewinnwahrscheinlichkeiten für $m \in \{2; 3; 4; 5; 6\}$ zu berechnen.

Fehlt dem Spieler die beste Karte, so kann er ein Tout-Spiel nur verlieren. Ebenso hat er automatisch gewonnen, falls er die mindestens sechs besten Karten besitzt, da er damit in jedem Fall alle verbliebenen sechs Trümpfe der Gegenspieler „ziehen" kann (ist Trumpf angespielt, so muss jeder Teilnehmer ebenfalls eine Trumpfkarte – sofern vorhanden – legen).

Entscheidend für die Berechnung der Gewinnwahrscheinlichkeit ist das Blatt *des* Gegners, der *die* Karte besitzt, die dem Spieler des Solo-Tout zu einem „Sie" fehlt.

Insbesondere ist die Anzahl seiner Trümpfe von Interesse. Deshalb wird ein neues Ereignis **D:=„Der Spieler mit dem verbliebenen Ober/Unter besitzt *y weitere* Trümpfe"** gebildet.

Berücksichtigt man alle drei Gegenspieler, dann errechnet sich die Anzahl der Verteilungen, bei denen dieses Ereignis eintritt, wie folgt:

$$|D| = 3 \cdot \binom{1}{1}\binom{5}{y} \cdot \binom{18}{7-y} \cdot \binom{16}{8}\binom{8}{8} \qquad y \in \mathbb{N}_0 \wedge y \in [0;5]$$

<u>Der Besitzer des Obers/Unters hat y weitere Trümpfe...</u>   <u>...und 7-y "Nichttrümpfe"</u>   <u>Verteilung für die übrigen 2 Spieler</u>

Als Ergebnisraum kann wiederum Ω_3 (vgl. 5.1) verwendet werden.

Die gesuchten Wahrscheinlichkeiten für die Werte der neu gebildeten Zufallsgröße Y *(Anzahl der weiteren Trümpfe des Spielers mit dem verbliebenen Ober/Unter)* können nun exakt ermittelt werden:

$$P(Y = y) = \frac{3 \cdot \binom{1}{1}\binom{5}{y}\binom{18}{7-y}\binom{16}{8}\binom{8}{8}}{\binom{24}{8}\binom{16}{8}\binom{8}{8}} = \frac{3 \cdot \binom{1}{1}\binom{5}{y}\binom{18}{7-y}}{\binom{24}{8}}$$

$$y \in \mathbb{N}_0 \wedge y \in [0;5]$$

Wertetabelle für die Wahrscheinlichkeitsverteilung von Y:

y	0	1	2	3	4	5
P(Y=y)	12,981	37,861	34,949	12,482	1,664	0,062

(für Stabdiagramm: siehe Anhang S.20)   in Prozent

uf drei Dezimalstellen genau gerundet

Durch weitere Überlegungen kann anschließend die eigentliche Gewinnwahrscheinlichkeit bestimmen:

Fehlt dem Spieler die zweitbeste Karte (m=2), so darf der Besitzer dieser Karte („Gras Ober") keinen weiteren Trumpf haben. Nur wenn dies der Fall ist, ist er gezwungen seinen Ober bereits in der ersten Runde zuzugeben, so dass einem erfolgreichen Solo-Tout nichts mehr im Wege steht. Für m=3 darf der Gegner mit der dritthöchsten Karte („Herz Ober") entsprechend nicht mehr als einen weiteren Trumpf besitzen.

Allgemein gilt: Der Gegenspieler mit dem übrigen Ober bzw. Unter darf höchstens $m-2$ weitere Trümpfe besitzen.

Die Wahrscheinlichkeit für das Ereignis **E:=„Spieler gewinnt ohne _m_-beste Karte den Solo-Tout"** kann also mit Hilfe der kumulativen Verteilungsfunktion bestimmt werden:

$$P(E) = F(m-2) = P(Y \le m-2) = \sum_{y=0}^{m-2} \frac{3 \cdot \binom{1}{1}\binom{5}{y}\binom{18}{7-y}}{\binom{24}{8}} \qquad \begin{array}{l} y \in \mathbb{N}_0 \wedge y \in [0;4] \\ m \in \mathbb{N} \wedge m \in [2;6] \end{array}$$

Wertetabelle für die kumulative Verteilungsfunktion _F_ in Abhängigkeit von _m:_

m	2	3	4	5	6
F(m-2)	12,981	50,843	85,792	98,273	99,938

in Prozent

auf drei Dezimalstellen genau gerundet

Aus den Ergebnissen kann geschlossen werden, dass bei Fehlen des Schellen Obers (m=4), des Eichel Unters (m=5) oder des Gras Unters (m=6) für einen Tout sehr gute Gewinnaussichten vorliegen.

5.2.2 Wenz-Tout:

Bei der Spielvariante des sogenannten „Wenz" sind die vier Unter die alleinigen Trumpfkarten, wobei die Reihenfolge, nach der sich die Höhe der Trümpfe richtet, unverändert bleibt (Eichel, Gras, Herz, Schelle).

Um einen Wenz-Tout überhaupt mit Gewinnchancen spielen zu können, ist es einerseits notwendig, den Eichel Unter zu besitzen. Andererseits sollten die restlichen Karten in einer oder mehreren mit Ass beginnenden Reihe(n) auf der Hand liegen (also z.B. Schellen Ass, Zehner, König, Ober usw.). Deshalb wird dies bei den folgenden Berechnungen ebenso vorausgesetzt wie die Tatsache, dass der Spieler die erste Karte legen darf.

Damit kann man von einem sicheren Sieg ausgehen, sobald man mindestens die zwei höchsten Unter besitzt. Die Trümpfe der Gegner können vorzeitig gezogen werden und sind daher praktisch wertlos.

Übrig bleiben also folgende Möglichkeiten:

Fall 1: Der Spieler besitzt nur den Eichel Unter:
In diesem Fall ist das Spiel nur gewonnen, falls sich die übrigen drei Unter gleichmäßig auf alle Gegenspieler verteilen. Die Anzahl der für dieses *Ereignis* U_1 *(Wenz-Tout wird siegreich beendet)* günstigen Ergebnisse beträgt:

$$|U_1| = \underbrace{\binom{3}{1}\binom{21}{7}\binom{2}{1}\binom{14}{7}\binom{1}{1}\binom{7}{7}}_{\substack{\text{Alle 3 Gegenspieler besitzen einen der 3} \\ \text{übrigen Unter und 7 der insgesamt 32-7=21 verbliebenen} \\ \text{"Nicht-Trümpfe"}}} = 2\ 394\ 437\ 760$$

Fall 2: Der Spieler besitzt den Eichel Unter und den Herz- oder Schellen-Unter:
Auch hier kann der Spieler nur siegen, wenn keiner der anderen Mitstreiter mehr als einen der restlichen zwei Unter besitzt. Es gibt dementsprechend

$$|U_2| = \underbrace{\binom{2}{1}\binom{22}{7}\binom{1}{1}\binom{15}{7}}_{\substack{\text{2 Gegenspieler besitzen jeweils} \\ \text{einen Trumpf}}} \cdot \underbrace{\binom{8}{8} \cdot 3}_{\substack{\text{3 mögliche} \\ \text{trumpflose Spieler}}} = 6\ 584\ 703\ 840$$

Möglichkeiten, bei denen dieses *Ereignis* U_2 *(Wenz-Tout wird siegreich beendet)* eintritt.

Da sich erneut Ω_3 (vgl. 5.1) als geeigneter Ergebnisraum erweist und weiterhin von einem Laplace-Experiment ausgegangen wird, ergeben sich folgende Gewinnwahrscheinlichkeiten:

$$P(U_1) = \frac{|U_1|}{|\Omega_3|} \approx 25,296\% \qquad \text{bzw.} \qquad P(U_2) = \frac{|U_2|}{|\Omega_3|} \approx 69,565\%$$

Die logische Schlussfolgerung aus den berechneten Werten wäre, bei nur einem Unter auf ein Tout-Spiel zu verzichten.

Analog ergeben sich die Gewinnwahrscheinlichkeiten für einen Geier (nur Ober sind Trumpf).

6.   Schlusswort

Abschließend soll angemerkt werden, dass sich diese Facharbeit auf Wahrscheinlichkeitsberechnungen zu konkreten Spielsituationen beschränkt, da komplexere Problemstellungen
den inhaltlichen Rahmen gesprengt hätten. Jedoch tragen auch die dadurch gewonnen
Erkenntnisse dazu bei, die Selbstsicherheit bei Entscheidungsfindungen während des Spiels
zu erhöhen. Schließlich kann die Wahrscheinlichkeit auch „als Maß für die Gewissheit
interpretiert werden" (Glück, Logik und Bluff, 2003, S. VIII). Zudem dienen die
stochastischen Betrachtungen als Ausgangspunkt für die Entwickelung einer möglichst
Erfolg versprechenden Strategie. Nur wer Kenntnis über die Wahrscheinlichkeitsver-
teilungen in den einzelnen Runden besitzt, kann die optimale Entscheidung im Sinne der
Maximierung seiner Gewinnchancen treffen.

Ein Einblick in die Wahrscheinlichkeitsrechnung beim Schafkopf, wie er in dieser Facharbeit gegeben werden sollte, kann demnach sowohl Anfängern als auch für erfahrenen
Spieler helfen, das eigene Spielverständnis zu verbessern.

7. Anhang

7.1 Histogramm zu 4.1:

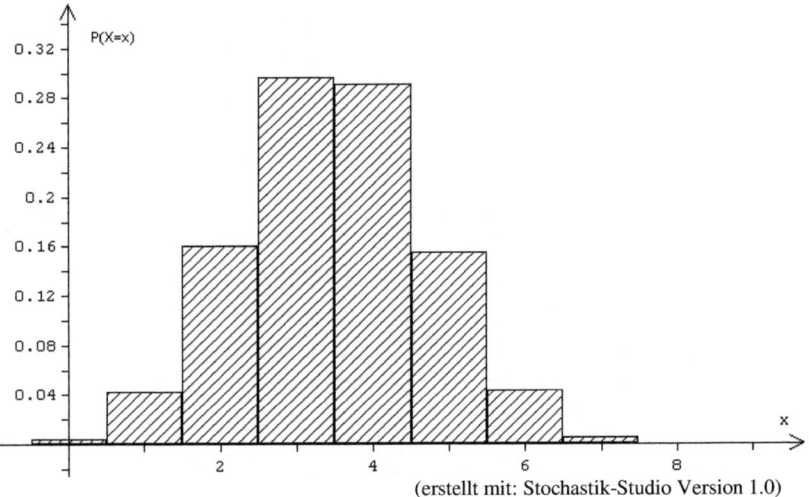

(erstellt mit: Stochastik-Studio Version 1.0)

7.2 Stabdiagramm bzw. kumulative Verteilungsfunktion zu 5.2.1:

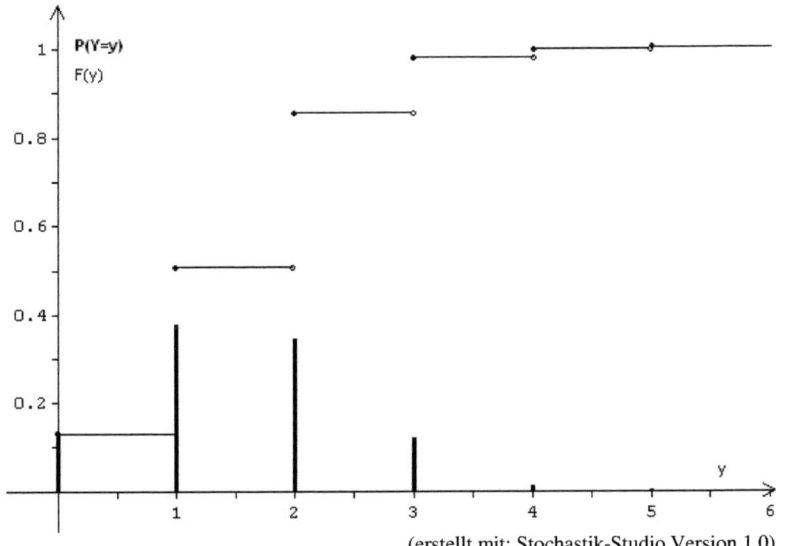

(erstellt mit: Stochastik-Studio Version 1.0)

7.3 Versuchsergebnis zu 4.2

Spiele	Anzahl der erhaltenen Trümpfe	Durchschnittliche Anzahl der Trümpfe
1 bis 10	1 4 5 2 3 5 2 2 4 2	3,0
11 bis 20	5 3 4 4 2 4 4 4 1 4	3,5
21 bis 30	4 2 4 3 2 3 3 4 4 4	3,3
31 bis 40	3 3 3 4 3 4 2 3 5 5	3,5
41 bis 50	3 3 5 5 5 3 4 3 3 2	3,6
51 bis 60	1 4 5 3 3 2 2 3 5 4	3,2
61 bis 70	2 3 3 3 4 4 4 4 5 4	3,6
71 bis 80	3 3 4 6 7 3 5 3 3 3	4,0
81 bis 90	5 3 4 4 3 3 1 2 3 4	3,2
91 bis 100	4 4 2 3 3 4 4 5 3 3	3,5

x = Anzahl der Trümpfe	0	1	2	3	4	5	6	7	8
Relative Häufigkeit(H_{100})	0%	4%	14%	35%	31%	14%	1%	1%	0%
Zum Vergleich: P(X=x) (vgl. 4.1)	0,416 %	4,236 %	16,061 %	29,651 %	29,121 %	15,531 %	4,368 %	0,587 %	0,029 %

Die durchschnittliche Anzahl der Trümpfe beträgt $\frac{344}{100} = 3,44$.

Sie weicht damit nur knapp von dem in 4.4 errechneten Erwartungswert (E(X)=3,5) ab.

8.   Quellenverzeichnis

- Bibliographie:

- Barth, F./Haller, R., Stochastik Leistungskurs, München, Ehrenwirth Verlag, 1983

- Barth, F./Mühlbauer, P./Nikol, F./Wörle, F., Mathematische Formeln und Definitionen, München, Bayerischer Schulbuch-Verlag und J. Lindauer-Verlag (Schäfer), 1998[7]

- Bewersdorff, J., Glück, Logik und Bluff – Mathematik im Spiel: Methoden, Ergebnisse und Grenzen, Wiesbaden, Friedr. Vieweg & Sohn Verlag/GWV Fachverlage GmbH, 2003[3]

- Danyliuk, R., Schafkopf und Doppelkopf, Baden-Baden, Humboldt Verlags GmbH, 2004

- Verwendete Computerprogramme:

- Stochastik-Studio Version 1.0, Staatsinstitut für Schulqualität und Bildungsforschung, 2004

- Grafiker Version 4.0, Veikko Krypczyk, 2004